伐木丁丁，鸟鸣嘤嘤。

——《诗经·小雅》

群鸟嘤嘤

法国皇家植物园
鸟类图鉴

［法］布封 编
［法］弗朗索瓦 - 尼古拉·马蒂内 绘
林濑 译

后浪

江苏凤凰文艺出版社
JIANGSU PHOENIX LITERATURE AND
ART PUBLISHING

图书在版编目（CIP）数据

群鸟嘤嘤：法国皇家植物园鸟类图鉴 / (法) 布封
编；(法) 弗朗索瓦 – 尼古拉·马蒂内绘；林澜译 . --
南京：江苏凤凰文艺出版社，2023.10
ISBN 978-7-5594-7900-6

Ⅰ . ①群… Ⅱ . ①布… ②弗… ③林… Ⅲ . ①植物园
– 鸟类 – 法国 – 图集 Ⅳ . ① Q959.7-64

中国国家版本馆 CIP 数据核字 (2023) 第 143010 号

群鸟嘤嘤：法国皇家植物园鸟类图鉴

［法］布封 编 ［法］弗朗索瓦 – 尼古拉·马蒂内 绘 林澜 译

编辑统筹	尚　飞	
责任编辑	曹　波	
特约编辑	罗泱慈	
装帧设计	墨白空间·李　易	
出版发行	江苏凤凰文艺出版社	
	南京市中央路 165 号，邮编：210009	
网　　址	http://www.jswenyi.com	
印　　刷	天津图文方嘉印刷有限公司	
开　　本	787 毫米 × 1092 毫米 1/32	
印　　张	18.125	
字　　数	100 千字	
版　　次	2023 年 10 月第 1 版	
印　　次	2023 年 10 月第 1 次印刷	
书　　号	978-7-5594-7900-6	
定　　价	128.00 元	

前　言

　　1728 年，启蒙的旗帜正迎风招展，如秋风扫落叶般更新世事。21 岁的布封再也无法忍受家里的安排，从第戎法学院退学，申请加入昂热大学。布封憋了口气，猛地将头扎入水盆——这是他的习惯——让他更加清醒。他想，现在，必须把长辈的咒骂抛之脑后，来到这里，不就是为了离心爱的自然科学更近一步吗？他仿佛能清楚地听到牛顿、孟德斯鸠、培根、莱布尼茨的召唤，心潮日夜澎湃，心脏几乎跳出胸腔："飞禽走兽、花鸟鱼虫，那些古人浅尝辄止的自然造物，我要统统研究个遍！我要阅尽世上的鸟儿，为它们一个个命名、一个个作画，亲手记载它们的壮美、灵巧和聪慧。我要搞清楚它们生理构造的奥秘：歌声为何动听、飞行为何轻盈、迁徙为何准时、鸟巢为何精巧、羽毛为何美丽、记忆为何高明……只要鸟儿仍在四季忙碌、春来冬往，仍在枝头嘤嘤鸣唱，我就一天不停下手头的工作。没人能拦住我！"

1739 年，智力竞赛在欧洲各强国之间纷纷上演。32 岁的布封受命担任皇家植物园总管。"真是千载难逢！"站在上锁的那道门前，布封终于有机会说出心底隐秘的愿望——为自然撰史，即为整个自然界做分门别类之大工程。他明白，老普林尼之后，没人敢再如此大言不惭。然而，国王的恩典也许会稍纵即逝，他哪里顾得上后人笑他狂妄？《自然史》项目敲定后，布封借助皇家的力量召集了一批科学界时杰并筹得丰厚的科研经费，做出了在世界范围内获取矿物、动植物标本的壮举：从马达加斯加到圭那亚，从菲律宾到北极，从中国到瑞典，从海底到山巅……人财消耗难以尽数。随着数十万样本纷纷落地巴黎，布封夜以继日地悉数整理，为全新的现代自然科学奠基：布封早于达尔文一百年注意到人和猿的相似性，提出彗星撞击地球的假说，利用新兴的比较解剖学推演鸟类进化分支。

光有文字还不够，布封相信鸟类之美必须经由绘画才能触及人心，于是和同为鸟类学家的版画家弗朗索瓦 - 尼古拉·马蒂内合作，为《自然史》鸟类部分制作了精美插图。在当时，写实派的彩色鸟类版画十分少见且创作困难，然而马蒂内将一（或两三）只鸟定格在金色框架内的树枝、岩石、草地或者小丘上，蚀刻线条轻盈而开阔，仿佛是为了让印刷后上色的鸟羽发光；插图设计干练、实用，色彩鲜艳而充满活力。他研究鸟类的正确比例和自然习性，强调姿势的重要性，便于读者识别和分类。读者能够从中注意到此前少见的鸟类细节，如鹏鹏醒目的瓣蹼、啄木鸟健壮的趾、鸻鹬类不同的夏羽和冬羽、趋同演化的毛脚燕（燕科）和普通雨燕（雨燕科）、极乐鸟的舞姿等。

最终，皇皇四十四卷《自然史》全本，创作时间长达半个世纪，如同人类史上的一次流星闪耀，点燃了大半个博物学的夜空，和同时代狄德罗的《百科全书》同样重要。其中九卷的鸟类部分首次正式记录、首次命名了大量鸟类，许多鸟类标本产地模式沿用至今。由马蒂内绘制的鸟类插画也于 1765 年到 1783 年间独立出版十卷单行本，成为鸟类插图史上的一个高峰，而后果然成为受公众青睐的装饰艺术。1777 年，皇家植物园竖立起一座纪念布封的铜像，底座上写着："献给像大自然一样伟大的天才。"

地质学和古生物学已经证明，在白垩纪大灾难之后，恐龙并没有从地球上完全消失，我们身边仍然存在恐龙唯一幸存的血亲——鸟类。时至今日，不论是分子生物学的发展还是鸟类仿生学的应用，都发展到令中世纪人难以想象的高度和深度，为现代人的生活带来了无尽的功用和乐趣。这一切，都基于早期鸟类学家仅凭双手和裸眼从各大洲艰难采集样本，在全然未知的土地上奋力开垦。

* * *

出于对前人工作的崇敬和喜爱，我们完成了布封《自然史》精选鸟类图版的整理、修复工作。在编辑过程中，编译者面对的难题存在于两个方面：

一方面是插图。在全部 1008 幅图中，有部分绘制错误（如比例、喙色、羽色）、重复、非鸟类生物，以及主画面污渍导致图片质量较低、辨识不清者。对此，我们以图片清晰、鸟种可辨识、中国可见、罕见（甚至灭绝）者为优先，尽量涵盖更多目 / 科，并以还原色彩、保留绘者风格与特色为要旨，精心修图。

另一方面是文字。布封为每幅插图标注了标本产地和描述，如"巴西，黑色的雀""菲律宾，小的白色鹦鹉""新几内亚，一种翠鸟""马尼拉，雄性蓝矶鸫"，其中存在不少误认的情况，如夜鹭幼鸟被认作夜鹭雌鸟、混淆了夜鹰和燕子等。由于该书早于林奈双名法通行，且物种分类尚不成熟，我们无意苛责，但足以认定这些描述对当今读者并无参考价值。因此，我们决心将本书与现代鸟类学接轨，逐一校订鸟种，按照现代生物分类法（如鸟纲—鹰形目—鹰科—兀鹫属—高山兀鹫）排序；根据一定的体量，将若干关系紧密的科合并为一章；最终在页面上呈现鸟种的准确中文名和拉丁名，星号表明中国可见，以及用符号标明该鸟种的濒危等级（如高山兀鹫［*Gyps himalayensis*］※ Ⓝⓣ），以提醒读者在学习的同时关注生物多样性。

最后，本书收录共 536 幅图版，共 32 目、133 科、600 余种鸟；其中 5 种已灭绝，224 种在中国可见。主要的参考文献有最新的 IOC world bird list、IUCN red list、郑光美院士所著《世界鸟类分类与分布名录（第 2 版）》、约翰·马敬能先生所著《中国鸟类野外手册（新编版）》以及《中国观鸟年报：中国鸟类名录》第 10 版。书中不足及未尽之处，欢迎读者指出。

后浪出版公司

布封命名

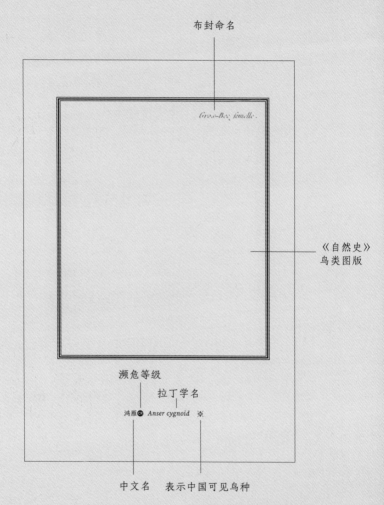

Gros-Bec femelle.

《自然史》
鸟类图版

濒危等级

拉丁学名

鸿雁 *Anser cygnoid* ☼

中文名　表示中国可见鸟种

按照世界自然保护联盟 2022 年濒危物种红色名录（IUCN Red List），物种濒危等级从低到高分别是无危ⓛⓒ、近危ⓝⓣ、易危ⓥⓤ、濒危ⓔⓝ、极危ⓒⓡ、野生灭绝ⓔⓦ、灭绝●。本书标注所有非无危鸟种的濒危等级。

虹膜

额

喙

喉

冠

枕

颊

上背

下背

腰

尾上覆羽

胸

肩

胫

附跖

趾

臀

爪

尾

鸵鸟科

鹤鸵科

凤冠雉科

齿雉科

雉科

L'Autruche.

非洲鸵鸟　*Struthio camelus*

双垂鹤鸵　*Casuarius casuarius*

Faisan verdâtre, de Cayenne.

绿背冠雉　*Penelope marail*

Le Hocco du Pérou.

大风冠雉 VU *Crax rubra*

Hocco, Faisan de la Guiane.

黄瘤凤冠雉  *Crax daubentoni*

单盔凤冠雉 🆑 *Pauxi unicornis*

Caille de la Louisiane

山齿鹑　*Colinus virginianus*

蓝孔雀（雄）　*Pavo cristatus*

La Paonne.

蓝孔雀（雌） *Pavo cristatus*

L'Eperonnier mâle de la Chine.

海南孔雀雉（雄） *Polyplectron katsumatae* ※

L'Eperonnier Femelle.

Martinet

海南孔雀雉（雌）EN *Polyplectron katsumatae* ☀

La Caille.

西鹌鹑 *Coturnix coturnix* ☀

La Bartavelle.

欧石鸡 *Alectoris graeca*

Perdrix rouge de France, mâle

Martinet delin.   P. de La Ferté Sculp.

红腿石鸡 *Alectoris rufa*

黑鹧鸪（雄） *Francolinus francolinus*

Francolin femelle.

黑鹧鸪（雌）　*Francolinus francolinus*

1. *Faisan doré, de la Chine.* 2. *Sa femelle.*

par Martinet

1. 红腹锦鸡（雄）*Chrysolophus pictus* ☀

2. 红腹锦鸡（雌）*Chrysolophus pictus* ☀

Faisan, de France.

Davrine et gravé par Martinet

雉鸡（雄） *Phasianus colchicus* ☀

Femelle du Fasan.

雉鸡（雌） *Phasianus colchicus* ☀

Faisan blanc, de la Chine.

白鹇　*Lophura nycthemera*　☀

Perdrix grise, femelle.

灰山鹑　*Perdix perdix*

花尾榛鸡　*Tetrastes bonasia* ☀

La Gelinotte blanche ou le Lagopede, dans son plumage d'Eté.

岩雷鸟（夏羽）　*Lagopus muta*　☀

La Gélinote blanche

白尾雷鸟（冬羽）　*Lagopus leucura*

Coq de Bruyere.

西方松鸡（雄） *Tetrao urogallus*

Poule de Bruyere.

西方松鸡（雌） *Tetrao urogallus* ☀

Coq-de Bruyères, à queue fourchue.

黑琴鸡（雄）*Lyrurus tetrix* ✳

Femelle du Coq de Bruyères à queue fourchue.

黑琴鸡（雌）*Lyrurus tetrix* ※

眉

耳羽

颊纹

颈

颈环

三级飞羽

尾

勾

胁

腹

次级飞羽

初级飞羽

附跖

蹼

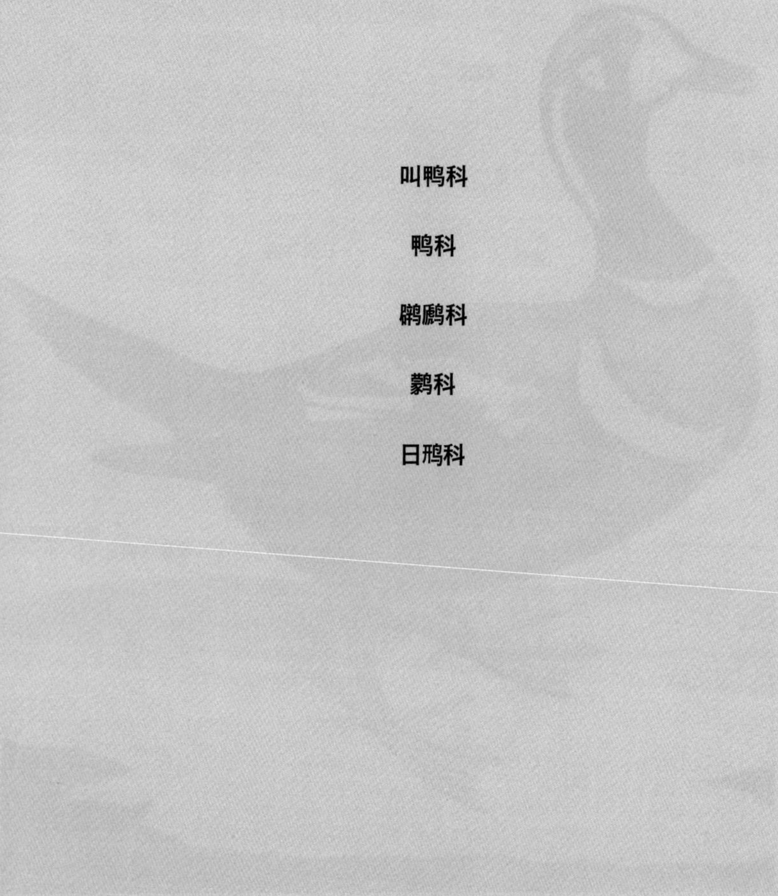

叫鸭科

鸭科

鹤鹬科

鹳科

日鸻科

Le Kamichy.

角叫鸭　*Anhima cornuta*

Canard, du Marignan.

白脸树鸭　*Dendrocygna viduata*

Canard Siffleur, de Cayenne.

黑腹树鸭　*Dendrocygna autumnalis*

Sarcelle de la Gouadeloupe.

花脸硬尾鸭　*Nomonyx dominicus*

Le Cigne.

martinet

疣鼻天鹅 *Cygnus olor* ☀

La Bernache.

白颊黑雁　*Branta leucopsis*　☀

Oye, de Canada.

加拿大黑雁　*Branta canadensis*　☀

Oye, de Guinée.

鸿雁 VU *Anser cygnoid*

L'Oye Sauvage.

豆雁　*Anser fabalis* ☀

Canard, de Miclon.

martinet

长尾鸭 VU *Clangula hyemalis* ☀

Canard du Nord, appellé le Marchand.

martinet

斑头海番鸭 *Melanitta perspicillata*

Sarcelle de la Louisiane, dite la Religieuse

白枕鹊鸭　*Bucephala albeola*

La Piette mâle.

斑头秋沙鸭（雄）　*Mergellus albellus* ☀

La Piette Femelle.

斑头秋沙鸭（雌） *Mergellus albellus* ☀

Harle hupé, de Virginie.

棕胁秋沙鸭（雄） *Lophodytes cucullatus*

Femelle du Harle hupé, de Virginie.

martinet.

棕胁秋沙鸭（雌）*Lophodytes cucullatus*

Le Harle mâle.

普通秋沙鸭（雄）*Mergus merganser* ☀

Le Harle femelle.

普通秋沙鸭（雌） *Mergus merganser* ❋

Harle hupé, Mâle.

红胸秋沙鸭 *Mergus serrator*

Canard à collier, de Terre-neuve.

martinet

丑鸭　*Histrionicus histrionicus*　※

Oye, des terres Magellaniques.

斑胁草雁 *Chloephaga picta*

Oye, du Cap de Bonne-Esperance.

埃及雁（雄）*Alopochen aegyptiaca*

Femelle de l'Oye, du Cap de Bonne-Esperance.

埃及雁（雌） *Alopochen aegyptiaca*

Tadorne.

翘鼻麻鸭 *Tadorna tadorna* ☀

Sarcelle mâle, de la côte de Coromandel.

冠麻鸭（雄）CR *Tadorna cristata* ☀

Sarcelle mâle, de la côte de Coromandel.

冠麻鸭（雌）**CR** *Tadorna cristata* ☀

Oye de la côte de Coromandel.

瘤鸭　*Sarkidiornis melanotos*　※

Le beau Camard hupé, de la Caroline .

林鸳鸯（雄） *Aix sponsa*

Femelle du beau Canard hupé, de la Caroline.

林鸳鸯（雌） *Aix sponsa*

Sarcelle mâle, de la Chine.

Marbael

鸳鸯（雄） *Aix galericulata* ☀

Femelle de la Sarcelle, de la Chine.

martinet.

鸳鸯（雌）*Aix galericulata* ☀

Le Morillon.

Martinet.

凤头潜鸭　*Aythya fuligula* ☀

Le Millouinan.

斑背潜鸭　*Aythya marila*　☀

La Sarcelle.

白眉鸭　*Spatula querquedula* ❋

Le Souchet.

琵嘴鸭（雄） *Spatula clypeata* ☀

Femelle du Souchet.

f. martinet 9. J.

琵嘴鸭（雌） *Spatula clypeata* ☀

Sarcelle mâle de Cayenne, dite le Soucrourou.

蓝翅鸭（雄） *Spatula discors*

Sarcelle de Cayenne.

Dessiné et Gravé par Martinet

蓝翅鸭（雌） *Spatula discors*

Le Chipeau.

赤膀鸭　*Mareca strepera* ☀

Le Canard siffleur.

martinet

赤颈鸭　*Mareca penelope*　☀

Le Canard Sauvage

martinet

绿头鸭（雄）*Anas platyrhynchos* ☀

Femelle du Canard Sauvage.

绿头鸭（雌）*Anas platyrhynchos* ✳

La petite Sarcelle.

martinet.

绿翅鸭 *Anas crecca* ❋

Le Castagneux.

martinet.

小鸊鷉　　*Tachybaptus ruficollis* ☀

1. Grebe de Cayenne 2. Grebe de l'Esclavonie.

2. 1.

1. 大䴙䴘　*Podiceps major*

2. 角䴙䴘　　*Podiceps auritus* ☀

Le Grebe hupé.

凤头䴙䴘（非繁殖羽） *Podiceps cristatus* ☀

Le Grebe cornu

凤头䴙䴘（繁殖羽） *Podiceps cristatus* ✳

Paille-en queue de l'Isle de France.

martinet

红尾鹲　*Phaethon rubricauda* ☀

Paille-en queue, de Cayenne

红嘴鹲（亚成）*Phaethon aethereus* ☀

Le Caural, de Cayenne.

日鸦　*Eurypyga helias*

翼

腰

尾

1.

2.

鸠鸽科

沙鸡科

钩嘴夜鹰科

夜鹰科

雨燕科

蜂鸟科

麝雉科

杜鹃科

Le Bisel.

原鸽　*Columba livia*　☀

La Tourterelle.

欧斑鸠 VU *Streptopelia turtur* ※

La Tourterelle à collier.

粉头斑鸠 *Streptopelia roseogrisea*

Tourterelle à large queue, du Sénégal.

棕斑鸠　*Spilopelia senegalensis*　✳

Pigeon ramier, de Cayenne.

鳞斑鸽 *Patagioenas speciosa*

Tourterelle, de la Jamaïque.

蓝头鹑鸠 *Starnoenas cyanocephala*

Faisan couronné des Indes.

蓝凤冠鸠 VU *Goura cristata*

Pigeon de Nicombar.

尼柯巴鸠 NT *Caloenas nicobarica*

Tourterelle, du Sénégal.

蓝斑森鸠 *Turtur afer*

Tourterelle à gorge pourprée, d'Amboine.

dessiné et gravée par Martinet.

紫红胸果鸠　*Ptilinopus viridis*

Tourterelle de la Caroline

旅鸽  *Ectopistes migratorius*

Gelinote du Sénégal.

斑沙鸡　*Pterocles senegallus*

Gelinote mâle, des Pyrénées.

白腹沙鸡（雄） *Pterocles alchata*

Gelinote femelle des Pyrénées.

白腹沙鸡（雌） *Pterocles alchata*

Crapaud-Volant ou Tette-Chevre, de Cayenne.

钩嘴夜鹰　*Nyctibius griseus*

Crapaud-volant ou Tette-Chevre roux, de la Guiane.

Martinet.

美洲夜鷹　*Chordeiles minor*

petit Crapaud-volant taché de Cayenne.

半领夜鹰 *Lurocalis semitorquatus*

Crapaud-volant varié, de Cayenne.

白尾夜鷹　*Hydropsalis cayennensis*

1. *Le Grand Martinet.* 2. *Le Petit Martinet.*

1. 普通雨燕　*Apus apus* ✳

2. 毛脚燕　*Delichon urbicum* ✳

1. *Colibri de Cayenne, dit la Topaze.*
2. *Colibri violet de Surinam.*

1. 赤叉尾蜂鸟（雄） *Topaza pella*
2. 赤叉尾蜂鸟（雌） *Topaza pella*

1. Oiseau mouche huppé à gorge topase de Cayenne.
2. Oiseau mouche dit la Jacobine de Cayenne.
3. Oiseau mouche dit le Hupecol, de Cayenne

1. 金喉红顶蜂鸟　*Chrysolampis mosquitus*
2. 白颈蜂鸟　*Florisuga mellivora*
3. 缨冠蜂鸟　*Lophornis ornatus*

1. 白尾金喉蜂鸟　*Polytmus guainumbi*
2. 紫喉蜂鸟　*Eulampis jugularis*
3. 长尾隐蜂鸟　*Phaethornis superciliosus*
4. 粉喉辉蜂鸟　*Heliodoxa gularis*

1. 绿凤冠蜂鸟　*Stephanoxis lalandi*

2. 金喉红顶蜂鸟　*Chrysolampis mosquitus*

3. 棕颊蜂鸟 *Goethalsia bella*

1. 白腹棕尾蜂鸟　*Chalybura buffonii*
2. 绿喉芒果蜂鸟　*Anthracothorax viridigula*
3. 黑喉芒果蜂鸟　*Anthracothorax nigricollis*

1. 紫辉林星蜂鸟　　*Calliphlox amethystina*
2. 灰胸刀翅蜂鸟　　*Campylopterus largipennis*
3. 纯腹蜂鸟　　*Chrysuronia leucogaster*

Faisan huppé, de Cayenne.

麝雉　*Opisthocomus hoazin*

Coucou noir de Cayenne.

瑞氏红嘴地鹃 YU *Carpococcyx renauldi*

Coucou, du Sénégal.

塞内加尔鸦鹃　*Centropus senegalensis*

Coucou, des Philippines.

褐翅鸦鹃　*Centropus sinensis* ☀

Coucou hupé de la côte de Coromandel.

斑翅凤头鹃　*Clamator jacobinus* ☀

Coucou , de Cayenne.

灰腹棕鹃　*Piaya cayana*

Coucou, de la Caroline.

martinet

黄嘴美洲鹃　*Coccyzus americanus*

Coucou des Palétuviers, de Cayenne.

红树美洲鹃　*Coccyzus minor*

Coucou à long bec, de la Jamaïque.

长嘴蜥鹃   *Coccyzus longirostris*

Coucou tacheté, de Mindanao

噪鵑　*Eudynamys scolopaceus* ☀

Petit Coucou, de l'Isle Panay.

八声杜鹃　　*Cacomantis merulinus* ☀

Le Coucou.

大杜鹃　*Cuculus canorus*　※

Coucou, du Cap de Bonne-Espérance.

非洲杜鹃　*Cuculus gularis*

日鹦科

秧鸡科

鹤科

鸨科

蕉鹃科

潜鸟科

企鹅科

海燕科

Le Grebyfoulque, de Cayenne.

日䳭　*Heliornis fulica*

Râle de Cayenne.

红顶田鸡　*Rufirallus viridis*

Râle à long bec, de Cayenne.

长嘴秧鸡　*Rallus crepitans*

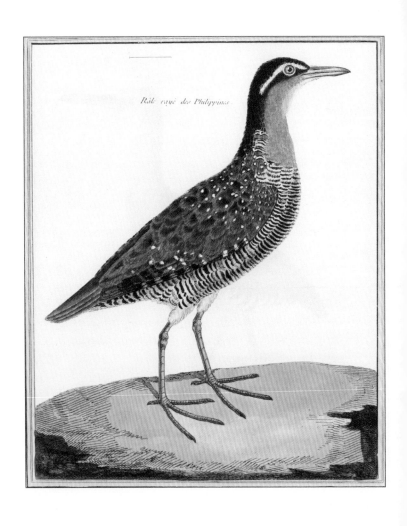

Râle rayé des Philippines.

所罗门秧鸡 NT　*Hypotaenidia rovianae*

Le Rôle de Genet.

长脚秧鸡　*Crex crex*　☀

Poule d'eau, de Cayenne.

褐林秧鸡 ⓥ *Aramides wolfi*

Râle tacheté de Cayenne

美洲斑秧鸡　*Pardirallus maculatus*

Petit Râle, de Cayenne.

黄胸田鸡　　*Hapalocrex flaviventer*

La Marouette.

斑胸田鸡　*Porzana porzana* ☀

La favorite, de Cayenne.

martinet.

淡青水鸡　*Porphyrio flavirostris*

Foulque, de Madagascar.

红瘤白骨顶　*Fulica cristata*

La Foulque.

白骨顶　*Fulica atra*　❋

L.'Oiseau-Royal, mâle.

灰冕鹤 EN *Balearica regulorum*

la Grue à collier.

赤颈鹤 (VU) *Antigone antigone* ☀

La Demoiselle de Numidie.

蓑羽鹤　*Grus virgo* ☀

La Grue, d'Amérique.

martinet

美洲鹤 *Grus americana*

La Grue.

灰鹤　*Grus grus*　☀

Petite Outarde ou Canne-petiere, mâle.

小鸨 *Tetrax tetrax* ✳

L'Outarde Mâle

大鸨 ⓥⓤ *Otis tarda* ☀

Le Touraco, de Guinee

绿冠蕉鹃　*Tauraco persa*

Le Plongeon.

martinet

红喉潜鸟（非繁殖羽） *Gavia stellata*

Plongeon à gorge rouge de Sibérie.

红喉潜鸟（繁殖羽） *Gavia stellata* ❋

L'Imbrim, des Mers du Nord.

普通潜鸟　　*Gavia immer*

Le Manchot, des Isles Malouines.

王企鹅　*Aptenodytes patagonicus*

Le Manchot hupé, de Sibérie.

凤头黄眉企鹅 Ⓥ *Eudyptes chrysocome*

Le Manchot, du Cap de Bonne-Espérance.

南非企鹅 *Spheniscus demersus*

Le Petrel, ou l'oiseau-Tempête.

白腰叉尾海燕 VU *Hydrobates leucorhous* ❋

上喙

虹膜

眼先

枕

嘴裂

下喙

饰羽

蓑羽

蓑羽

内趾

后趾

外趾

中趾

信天翁科

鹱科

鹳科

鹮科

鹭科

锤头鹳科

鹈鹕科

军舰鸟科

鲣鸟科

鸬鹚科

蛇鹈科

L'Albatros, du Cap de Bonne Espérance.

漂泊信天翁 YU *Diomedea exulans*

Albatros, de la Chine.

短尾信天翁（幼） *Phoebastria albatrus* ☀

Petrel de l'Isle S. Kilda.

暴雪鹱　*Fulmarus glacialis*　☀

Le Puffin.

dessiné et gravé par Martinet Ing

灰风鹱 NT *Procellaria cinerea*

L'Ibis blanc, d'Egypte.

黄嘴鹳鹳　*Mycteria ibis*

La Cigogne blanche.

白鹳　*Ciconia ciconia* ✳

Spatule couleur de rose, de Cayenne.

粉红琵鹭　*Platalea ajaja*

La Spatule.

白琵鹭　*Platalea leucorodia*　☀

Courly a tête nue, du Cap de bonne-Esperance.

禿鸛 ⓥⓤ *Geronticus calvus*

Courly à col blanc, de Cayenne.

黄颈鹮　*Theristicus caudatus*

Courly Blanc, d'Amerique.

美洲白鹮　*Eudocimus albus*

Courly rouge du Brésil, de l'âge de trois ans.

美洲红鹮　　*Eudocimus ruber*

Courly hupé de Madagascar.

凤头林鹮  *Lophotibis cristata*

l'Onoré rayé, de Cayenne.

martinet.

栗虎鷺　*Tigrisoma lineatum*

L'Honoré, de Cayenne.

栗虎鹭（幼） *Tigrisoma lineatum*

Le Heron Agami de Cayenne.

Martinet

栗腹鹭 VU *Agamia agami*

Le Savakou hupé de Cayenne.

船嘴鹭　*Cochlearius cochlearius*

Le Butor.

martinet

大麻鳽　*Botaurus stellaris*　☀

Le Blongios, de Suisse.

小苇鸦　*Ixobrychus minutus*　※

petit Butor, de Cayenne.

Martinet

黑冠鳽　*Gorsachius melanolophus* ☀

Le Bihoreau.

夜鷺　*Nycticorax nycticorax*　☀

Femelle du Bihoreau.

martinet.

夜鹭（幼） *Nycticorax nycticorax* ☀

Crabier, de Cayenne

绿鹭　*Butorides striata*　☀

Crabier, de la Louisiane.

Martinet

美洲绿鹭　*Butorides virescens*

Heron huppé, de Mahon.

白翅黄池鹭　*Ardeola ralloides*

Petit Heron roux, du Sénégal.

白翅黄池鹭（幼） *Ardeola ralloides*

Le Heron hupé.

martinet

苍鹭　*Ardea cinerea* ☀

Le Héron.

黑冠白颈鹭　*Ardea cocoi*

Héron bleuâtre à ventre blanc de Cayenne.

白腹鹭　*Ardea insignis* ☀

Le Héron pourpré hupé

草鷺　*Ardea purpurea* ✳

Héron bleuâtre, de Cayenne.

Dessiné et gravé par Martinet

小蓝鹭　*Egretta caerulea*

l'Aigrette.

Martinet

白鷺　*Egretta garzetta* ☀

Le Heron blanc.

黄嘴白鹭 Ⓥ *Egretta eulophotes* ☀

L'Ombrette, du Sénégal.

锤头鹳　*Scopus umbretta*

Vintage Art Gallery 复古艺术馆

美的视界，美的回响

——解语世界文化的印记

纹饰海

"复古艺术馆" 系列海报对照图

🌊 后浪

海报素材出自 "复古艺术馆"，系列图书陆续出版中。

Pélican, des Philippines.

斑嘴鹈鹕 NT *Pelecanus philippensis* ☀

Le Pélican.

白鹈鹕　*Pelecanus onocrotalus* ☀

Pelican brun, d'Amerique.

martinet

褐鹈鹕　*Pelecanus occidentalis*

La grande Frégate, de Cayenne.

Martinet.

黑腹军舰鸟　*Fregata minor* ☀

Le Fou de Bassan.

北鲣鸟　*Morus bassanus*

Le Fou, de Cayenne.

褐鲣鸟　*Sula leucogaster* ☀

Fou brun, de Cayenne.

美洲鸬鹚　*Phalacrocorax brasilianus*

Le Cormoran.

普通鸬鹚　*Phalacrocorax carbo* ☀

Anhinga noir de Cayenne.

美洲蛇鹈（雄） *Anhinga anhinga*

L'Anhinga, de Cayenne.

美洲蛇鹈（雌） *Anhinga anhinga*

Anhinga du Sénégal.

红蛇鹈　*Anhinga rufa*

羽冠

眼圈

羽缘

石鸻科

蓝腿燕鸻科

反嘴鹬科

鸻科

籽鹬科

彩鹬科

水雉科

鹬科

三趾鹑科

燕鸻科

鸥科

贼鸥科

海雀科

Le Grand Plavier.

石鸻　*Burhinus oedicnemus* ☀

Le Pluvian du Sénégal.

蓝腿燕鸻　*Pluvianus aegyptius*

L'Avocette

反嘴鹬　*Recurvirostra avosetta* ✳

l'Echasse.

F.martinet.

黑翅长脚鹬　*Himantopus himantopus*　✳

Le Cuignard.

小嘴鸻　*Eudromias morinellus* ☀

Le Pluvier à collier.

剑鸻　*Charadrius hiaticula* ☀

Le petit Pluvier à collier.

金眶鸻　*Charadrius dubius* ☀

Le petit Pluvier à collier.

杂色麦鸡　*Hoploxypterus cayanus*

Le Vanneau.

凤头麦鸡 *Vanellus vanellus* ☀

Plavier armé du Sénégal.

黑胸麦鸡　*Vanellus spinosus*

Pluvier, de la côte : Malabar.

martinet.

黄垂麦鸡　*Vanellus malabaricus*

Pluvier du Cap de Bonne-Espérance.

冕麦鸡 *Vanellus coronatus*

Vanneau armé, de la Lousiane.

白颈麦鸡　*Vanellus miles*

凤头距翅麦鸡　*Vanellus chilensis*

Caille des Isles Malouines

白腹籽鹬　*Attagis malouinus*

Beccassine, de Madagascar.

彩鹬　*Rostratula benghalensis*　☀

Jacana du Mexique.

美洲水雉 *Jacana spinosa*

Le Corlieu.

martinet

中杓鹬　*Numenius phaeopus*　☀

Le Coarly

martinet.

白腰杓鹬  *Numenius arquata* ☀

Courly, de Madagascar.

大杓鹬 *Numenius madagascariensis* ※

Barge rousse.

斑尾塍鹬 NT *Limosa lapponica* ☀

La Barge.

黑尾塍鹬 NT *Limosa limosa* ☀

Coulon-chaud gris, de Cayenne.

martinet.

翻石鹬（非繁殖羽） *Arenaria interpres* ☀

Le Coulon-chaud.

翻石鹬（繁殖羽） *Arenaria interpres* ☀

Le Chevalier.

Martinet.

大滨鹬 EN *Calidris tenuirostris* ☀

Mauheche grise.

红腹滨鹬（非繁殖羽）NT *Calidris canutus* ☀

Mauboche tachetée.

红腹滨鹬（繁殖羽）NT *Calidris canutus* ☀

Paon de Mer, mâle.

流苏鹬（雄） *Calidris pugnax* ☀

Paon de Mer, femelle.

流苏鹬（雌） *Calidris pugnax* ☀

L'Alouette de Mer.

弯嘴滨鹬 *Calidris ferruginea* ☀

La Becasse

martinet.

丘鷸　*Scolopax rusticola*　✳

Beccassine, de la Chine.

martinet.

大沙锥 *Gallinago megala* ☀

Lat Becassine

扇尾沙锥　*Gallinago gallinago* ☀

Beccasse, des Savanes de Cayenne.

巨沙锥　*Gallinago undulata*

La petite Becassine.

martinet

姬鷸　*Lymnocryptes minimus* ☀

Phalarope, de Siberie.

红颈瓣蹼鹬　*Phalaropus lobatus* ☀

La Petite Alouette de Mer.

Martinet.

矶鹬　*Actitis hypoleucos*　☀

239

La Barge grise.

青脚鹬　*Tringa nebularia*　☀

La Gambette.

红脚鹬（繁殖羽）*Tringa totanus* ☀

Caille, de Madagascar.

马岛三趾鹑　　*Turnix nigricollis*

Le Courvite

Martinet

索马里走鸻　*Cursorius somalensis*

Courvite, de la côte de Coromandel.

印度走鸻 *Cursorius coromandelicus*

La Perdrix-de-Mer.

martinet

领燕鸻　*Glareola pratincola* ✳

La Goiland blanc, du Spitzberg.

martinet

白鸥  *Pagophila eburnea*

La Mouette rieuse.

红嘴鸥（繁殖羽） *Chroicocephalus ridibundus* ☀

La grande mouette cendrée.

martinet

普通海鸥　*Larus canus*　☀

Le petit Goiland.

martinet

银鸥 *Larus argentatus*

Le Noir · Manteau.

大黑背鸥　*Larus marinus*

Le Grisard.

大黑背鸥（幼） *Larus marinus*

Hirondelle de Mer, appellée l'Epouvantail.

黑浮鸥 *Chlidonias niger* ☀

L'Hirondelle de Mer.

普通燕鸥　*Sterna hirundo* ☀

Stercoraire a longue queue, de Sibérie.

长尾贼鸥　*Stercorarius longicaudus* ☀

Le Stercoraire.

martinet

棕贼鸥　*Stercorarius antarcticus*

Le Macareux

北极海鹦 VU *Fratercula arctica*

Le grand Pingoin, des Mers du Nord.

大海雀 EX *Pinguinus impennis*

Le Pingoin.

刀嘴海雀（雄） *Alca torda*

Femelle du Pingoin.

刀嘴海雀（雌） *Alca torda*

Le Guillemot.

崖海鸦　*Uria aalge*　☀

头顶

蜡膜

眼先

虹膜

鼻孔

上喙

颏

下喙

喉

小覆羽

颈

中覆羽

大覆羽

胸

腹

附跖

外趾

羽

后趾

爪

内趾

中趾

鸱鸮科

美洲鹫科

鹭鹰科

鹗科

鹰科

Chouette à longue queue, de Sibérie.

Martinet.

猛鸮　*Surnia ulula* ☀

Le Petit Duc.

西红角鸮　*Otus scops*　☀

Chathuant de Cayenne

褐林鸮　*Strix leptogrammica* ☀

La Hulote.

Martinet.

西灰林鸮　*Strix aluco*

Le Harfang.

Martinet

雪鸮 *Bubo scandiacus* ☀

Le grand Duc.

Martinet

雕鸮　*Bubo bubo* ☀

L'Urubu ou Roi des Vautours de Cayenne.

王鷲　*Sarcoramphus papa*

Le Messager, du Cap de Bonne-Esperance

鹭鹰 *Sagittarius serpentarius*

le Balbuzard.

Martinet.

鹗　*Pandion haliaetus* ☀

Le Percnoptere.

兀鷲　*Gyps fulvus* ☀

Le Vautour.

秃鹫 *Aegypius monachus* ☀

le Jean-le-blanc.

短趾雕　*Circaetus gallicus*　☀

Le Grand aigle ou l'aigle Royal.

金雕　*Aquila chrysaetos* ☀

l'Epervier.

雀鷹　*Accipiter nisus*　☀

l'Autour.

par Martinet.

苍鹰　*Accipiter gentilis*　☀

La Harpaye.

白头鹞　*Circus aeruginosus*　☀

L'Oiseau St Martin.

Martinet.

白尾鹞（雄）*Circus cyaneus* ❋

La Soubuse.

白尾鹞（雌） *Circus cyaneus* ☀

La Sousbuse mâle.

乌灰鹞　*Circus pygargus*

le Milan.

赤鸢　*Milvus milvus*

Le Milan noir.

黑鸢　*Milvus migrans*　☀

Aigle des grandes Indes.

栗鸢　*Haliastur indus*　❋

L'Orfraie ou L'Ossifrague. Le grand aigle de Mer femelle.

par Martinet.

白尾海雕　*Haliaeetus albicilla*　☀

L'Aigle à tête blanche.

par Martinet.

白头海雕　*Haliaeetus leucocephalus*

Epervier a gros bec de Cayenne.

Martinet.

阔嘴鵟　*Rupornis magnirostris*

La Buse.

欧亚鵟　*Buteo buteo*　☀

羽冠

羽端

喙

鼠鸟科

咬鹃科

犀鸟科

戴胜科

蜂虎科

佛法僧科

短尾鸡科

翠鸟科

翠鸟科

1. Coliou, du Cap de Bonne-Espérance

2. Coliou huppé, du Sénégal.

1. 白背鼠鸟　*Colius colius*
2. 蓝枕鼠鸟　*Urocolius macrourus*

Couroucou, de Cayenne.

绿背美洲咬鹃　*Trogon viridis*

Grand Calao d'Abyssinie.

地犀鸟 (VU) *bycanistes abyssinicus*

Calao à bec rouge, du Sénégal.

西非红嘴犀鸟　*Tockus kempi*

Catao à bec noir, du Sénégal.

martinet

黑嘴弯嘴犀鸟　*Lophoceros nasutus*

Calao, des Moluques.

棕犀鸟 Ⓥ *Buceros hydrocorax*

Calao des Philippines.

印度冠斑犀鸟 *Anthracoceros coronatus*

Calao de Manille.

吕宋犀鸟　*Penelopides manillae*

Femelle du Calao, de l'Isle Panay.

martinet

棕尾犀鸟（雄） *Penelopides panini*

Calao, de l'Isle Panay

棕尾犀鸟（雌）
EN *Penelopides panini*

La Hupe.

戴胜 *Upupa epops* ※

Petit Guêpier, du Sénégal.

小蜂虎　*Merops pusillus*

Le Guêpier.

黄喉蜂虎　*Merops apiaster*　☀

Rollier de Mindanao.

棕胸佛法僧　*Coracias affinis* ✳

Rollier, du Sénégal.

扇尾佛法僧　*Coracias spatulatus*

蓝头佛法僧　*Coracias abyssinicus*

Le Rollier.

蓝胸佛法僧　*Coracias garrulus*　☀

Le Rolle de Madagascar.

阔嘴三宝鸟　*Eurystomus glaucurus*

Roller des Indes

三宝鸟　*Eurystomus orientalis* ☀

1. et 2. Le Todier de St. Domingue.
3. Todier de Cayenne.

---

1. 阔嘴短尾鸩　*Todus subulatus*
2. 阔嘴短尾鸩　*Todus subulatus*
3. 未识别短尾鸩

Momot, du Brésil.

亚马孙翠鴗　*Momotus momota*

1. Petit Martin-pêcheur hupé, de l'Isle de Luçon.
2. Petit Martin-pêcheur verd, de Cayenne. 3. Sa femelle.

1. 冠翠鸟　*Corythornis cristatus*
2. 侏绿鱼狗（雄）　*Chloroceryle aenea*
3. 侏绿鱼狗（雌）　*Chloroceryle aenea*

普通翠鸟　*Alcedo atthis*　☀

Martin-pêcheur hupé, du Cap de bonne-Espérance.

大鱼狗　*Megaceryle maxima*

Martin-pêcheur hupé, du Cap de bonne Espérance

斑鱼狗　　*Ceryle rudis* ☀

1. *Martin-pêcheur vert et roux, de Cayenne.*
2. *Sa femelle.*

1. 棕腹绿鱼狗（雄） *Chloroceryle inda*
2. 棕腹绿鱼狗（雌） *Chloroceryle inda*

1. *Martin-pêcheur vert et blanc, de Cayenne.*
2. *Sa femelle.*

1. 绿鱼狗（雄） *Chloroceryle americana*
2. 绿鱼狗（雌） *Chloroceryle americana*

Martin-pêcheur, de Java.

鹳嘴翡翠　*Pelargopsis capensis* ☀

Martin pêcheur, de la côte Malabar.

白胸翡翠　*Halcyon smyrnensis* ☀

Grand Martin-Pescheur, de Madagascar.

褐胸翡翠　*Halcyon gularis*

Martin-pêcheur, de la Chine

蓝翡翠 VU *Halcyon pileata* ☀

Martin-Pêcheur, du Sénégal, appellé Crabier.

非洲林翡翠　　*Halcyon senegalensis*

Martin-pêcheur, de Ternate.

比岛仙翡翠  *Tanysiptera riedelii*

Martin-pêcheur, de la Nouvelle Guinée.

Martinet

笑翠鸟　*Dacelo novaeguineae*

颊

后颈

背

对趾

尾下覆羽

蓬头䴕科

巨嘴鸟科

美洲拟啄木鸟科

拟啄木鸟科

非洲拟啄木鸟科

响蜜䴕科

啄木鸟科

圭亚那蓬头翠　*Notharchus macrorhynchos*

1. Barbu à ventre tacheté, de Cayenne. 2. Barbu, du Sénégal

1. 斑蓬头䴕　*Bucco tamatia*
2. 黑喉响蜜䴕（幼）　*Indicator indicator*

Toucan à gorge jaune de Cayenne

红胸巨嘴鸟　*Ramphastos dicolorus*

凹嘴巨嘴鸟　*Ramphastos vitellinus*

Toucan de Cayenne, appellé Toco.

巨嘴鸟　　*Ramphastos toco*

绿簇舌巨嘴鸟（雄） *Pteroglossus viridis*

Femelle du Toucan vert, de Cayenne

绿簇舌巨嘴鸟（雌） *Pteroglossus viridis*

Dessiné et gravé par Martinet.

Toucan verd, du Brésil.

黑颈簇舌巨嘴鸟　*Pteroglossus aracari*

Barbu de Maynas.

彩拟啄木鸟　*Eubucco versicolor*

Grand Barbu, de la Chine.

martinet.

大拟啄木鸟　*Psilopogon virens* ☀

Barbu de Mahé.

小绿拟啄木鸟　*Psilopogon viridis*

Barbu, des Philippines.

赤胸拟啄木鸟　*Psilopogon haemacephalus* ✳

1. 斑拟啄木鸟　*Tricholaema leucomelas*
2. 丽色蓬头䴕　*Notharchus tectus*

蚁䴕 *Jynx torquilla* ※

Grand Pic huppé à tête rouge, de Cayenne.

红颈啄木鸟　*Campephilus rubricollis*

Pie noir hupé, de la Caroline

象牙嘴啄木鸟 **CR** *Campephilus principalis*

Pic verd. de Bengale.

小金背啄木鸟　*Dinopium benghalense* ☀

Le Pic vert mâle.

martinet.

绿啄木鸟　*Picus viridis*

Pic à gorge jaune, de Cayenne.

Martinet

黄喉啄木鸟　*Piculus flavigula*

Pic rayé, de Cayenne

斑胸扑翅䴕　　*Colaptes punctigula*

Grand Pic rayé, de Cayenne.

Martinet

绿斑扑翅䴕　*Colaptes melanochloros*

Pie jaune tacheté, de Cayenne.

Martinet

南美栗啄木鸟　*Celeus elegans*

Pic à cravate noire, de Cayenne.

环颈啄木鸟 NT Celeus torquatus

Pie nou hupe, de la Louisiane.

北美黑啄木鸟　*Dryocopus pileatus*

Le Pic noir mâle

Martinet

黑啄木鸟　*Dryocopus martius*　※

Pie raye à tête noire, de St Domingue.

拉美啄木鸟　　*Melanerpes striatus*

Pic varié Femelle, de la Jamaique.

牙买加啄木鸟　　*Melanerpes radiolatus*

灰啄木鸟　　*Dendropicos goertae*

1. 小斑啄木鸟（雄） *Dryobates minor* ☀

2. 小斑啄木鸟（雌） *Dryobates minor* ☀

L'Epeiche femelle.

大斑啄木鸟　*Dendrocopos major* ※

颈环

附跖

中央尾羽

隼科

凤头鹦鹉科

鹦鹉科

Aigle d'Amerique.

红喉巨隼　*Ibycter americanus*

La Cresserelle.

红隼　*Falco tinnunculus*　※

Emerillon, de St Domingue.

美洲隼　*Falco sparverius*

Variété singulière du Hobreau.

西红脚隼 VU *Falco vespertinus* ☀

Le Rochier.

Martinet.

灰背隼　*Falco columbarius* ☀

l'Emerillon.

灰背隼（幼） *Falco columbarius* ❋

Le Hobreau.

燕隼　*Falco subbuteo*　☀

Gerfault blanc, des pays du Nord.

par Martinet

矛隼　*Falco rusticolus*　❋

Le Lanier.

游隼 *Falco peregrinus*

Le Faucon Sors.

游隼（幼） *Falco peregrinus* ☀

Petit Kakatoes à hupe jaune.

葵花鸚鵡　*Cacatua galerita*

Le Kakatoes à huppe rouge.

橙冠凤头鹦鹉 *Cacatua moluccensis*

Kakatoès des Moluques.

白凤头鹦鹉 EN *Cacatua alba*

Perroquet cendré, de Guinée.

非洲灰鹦鹉 EN *Psittacus erithacus*

Perroquet à tête bleue, de la Guiane.

蓝头鹦哥　*Pionus menstruus*

Perroquet à front blanc, du Sénégal.

古巴白额鹦哥 *Amazona leucocephala*

Perroquet de la Havane.

Dessiné et Gravé par Martinet

圣卢西亚鹦哥 *Amazona versicolor*

1. *Petite Perruche, du Cap de Bonne Esperance.*
2. *Petite Perruche de l'Isle de Taiti.*

1. 绿腰鹦哥　*Forpus passerinus*
2. 蓝鹦鹉 VU　*Vini peruviana*

Perruche à gorge tachetée, de Cayenne

彩鸚哥　*Pyrrhura picta*

Parruche à front rouge, du Brésil.

橙额鹦哥 VU　*Eupsittula canicularis*

Perruche à front jaune de Cayenne.

粉额鹦哥　*Eupsittula aurea*

Ara bleu et jaune du Brésil.

Dessiné et Gravé par Martinet.

蓝黄金刚鹦鹉　*Ara ararauna*

Lory Mâle, des Indes Orientales.

紫枕鹦鹉 EN *Lorius domicella*

Lory, des Philippines.

黑顶鹦鹉　*Lorius lory*

Perruche, des Indes Orientales.

红蓝鹦鹉 *Eos histrio*

Perruche variée, des Indes Orientales.

华丽鹦鹉　*Trichoglossus ornatus*

Perruche d'Amboine.

椰果鹦鹉　*Trichoglossus haematodus*

Perroquet de la Chine.

Martinet

红胁绿鹦鹉　*Eclectus roratus*

Perroquet de l'Isle de Luçon.

蓝背鹦鹉　*Tanygnathus sumatranus*

Perruche, de Mahé.

花头鹦鹉 *Psittacula roseata* ❋

Perruche à tête rouge, de Gingi.

Dessiné et Gravé par Martin L.

紫头鹦鹉　*Psittacula cyanocephala*

Perruche, de Malac.

长尾鹦鹉 Ⓥ *Psittacula longicauda*

Perruche a Collier, des Isles Maldives.

亚历山大鹦鹉 NT　*Psittacula eupatria*　※

La Perruche a collier.

Martinet.

红领绿鹦鹉　*Psittacula krameri* ☀

Le petit Ara

古巴红鹦鹉 IX *Ara tricolor*

Mascarin.

Dessiné et Gravé par Martinet.

马斯卡林鹦鹉 *Mascarinus mascarin*

额

腰

腹

喉

八色鸫科

蚁鹏科

食蚊鸟科

短尾蚁鸫科

灶鸟科

娇鹟科

伞鸟科

南美霸鹟科

霸鹟科

鹛鹟科

叶鹎科

Merle, de la Guiane.

蓝尾八色鸫　*Hydrornis guajanus*

Merle des Philippines.

绿胸八色鸫　*Pitta sordida* ☀

蓝翅八色鸫　*Pitta brachyura*

1. 斑翅蚁鸟　*Myrmornis torquata*
2. 歌蚁鸟　*Hypocnemis cantator*

1. 南白胁蚁鹩（雄） *Formicivora grisea*
2. 南白胁蚁鹩（雌） *Formicivora grisea*
3. 蓝翅叶鹎 EN *Chloropsis cochinchinenesis*

1. Le Colma, de Cayenne.

2. Le Banbla, de Cayenne.

1. 棕顶蚁鸫　*Formicarius colma*
2. 斑翅鹩鸫　*Microcerculus bambla*

1. Le Manikup, de Cayenne.

2. le Manikor, de la nouvelle Guinee.

1. 白羽蚁鸟　*Pithys albifrons*
2. 非洲鹍鹟　*Megabyas flammulatus*

1. 栗带食蚊鸟（雄） *Conopophaga aurita*

2. 栗带食蚊鸟（雌） *Conopophaga aurita*

Le Roi des Fourmilliers, de Cayenne

杂色蚁鸫　*Grallaria varia*

405

1. 褐背蚁鸫　*Grallaria hypoleuca*
2. 歌鹪鹩　*Cyphorhinus arada*

Le Fournier, de Buenos-Ayres.

棕灶鸟　*Furnarius rufus*

Le Talapiot de Cayenne

直嘴鸸雀　*Dendroplex picus*

1. 白喉娇鹟　*Corapipo gutturalis*
2. 白额娇鹟　*Lepidothrix serena*

1. 白须娇鹟　*Manacus manacus*
2. 绯红冠娇鹟　*Pipra aureola*

Femelle du Coq-de-Roche, de Cayenne.

圭亚那冠伞鸟　*Rupicola rupicola*

Cotinga rouge, de Cayenne.

圭亚那红伞鸟　*Phoenicircus carnifex*

Cotinga, des Maynas.

斑喉伞鸟　*Cotinga maynana*

辉伞鸟（雄）　*Cotinga cayana*

Cotinga gris. de Cayenne.

辉伞鸟（雌） *Cotinga cayana*

Cotinga pourpré, de Cayenne.

白翅紫伞鸟　*Xipholena punicea*

Le Coluud, de Cayenne

裸颈果伞鸟　*Gymnoderus foetidus*

Choucas chauve, de Cayenne.

三色伞鸟　　*Perissocephalus tricolor*

Tyran hupé, de Cayenne.

皇霸鹟　*Onychorhynchus coronatus*

1. *Le Barbichon de Cayenne.* 2. *sa femelle.*

1. 须黄腰霸鹟（雄） *Myiobius barbatus*
2. 须黄腰霸鹟（雌） *Myiobius barbatus*

Geai à ventre jaune, de Cayenne.

大食蠅霸鶲　*Pitangus sulphuratus*

Gobe-mouche à queue fourchue, du Mexique.

剪尾王霸鹟　*Tyrannus forficatus*

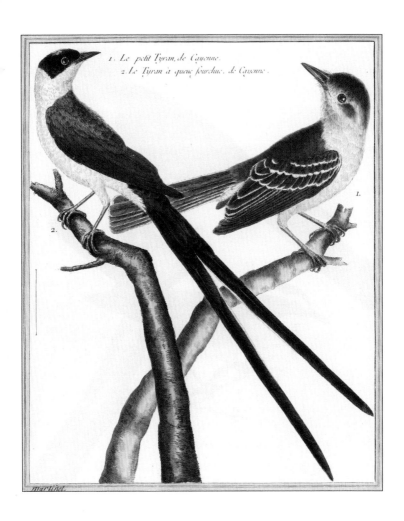

1. Le petit Tyran, de Cayenne.
2. Le Tyran à queue fourchue, de Cayenne.

martinet.

1. 褐冠蝇霸鹟（雄） *Myiarchus tyrannulus*
2. 褐冠蝇霸鹟（雌） *Myiarchus tyrannulus*

1. *Gobe-Mouche Huppé de Virginie* 2. *Gobe-Mouche à ventre jaune de Cayenne.*

Martinet

1. 大冠蝇霸鹟　*Myiarchus crinitus*
2. 小食蝇霸鹟　*Philohydor lictor*

羽冠

颊纹

三级飞羽

腰

覆羽

次级飞羽

初级飞羽

黄鹂科

莺雀科

山椒鸟科

燕鵙科

钩嘴鵙科

丛鵙科

卷尾科

王鹟科

伯劳科

鸦科

Le Couliavan, de la Cochinchine.

黑枕黄鹂　*Oriolus chinensis* ☀

Loriot de la Chine.

黑头黄鹂　*Oriolus xanthornus* ☀

黄褐肩黑鹂　*Agelaius humeralis*

1. 橄榄绿莺雀　*Hylophilus olivaceus*
2. 黑喉蓝林莺　*Setophaga caerulescens*

Le Choucari de la Nouvelle Guinée.

白腹鹃鵙　*Coracina papuensis*

1. Pie - Griêche de Manille
2. Pie - Griêche Rousse de France.

Dessiné et Gravee par Marlant

1. 白胸燕鵙　*Artamus leucoryn*
2. 林鵙伯劳 *Lanius senator*

1. *Pie-grièche bleue de Madagascar.*
2. *Pie-grièche rousse de Madagascar.*

1. 蓝钩嘴鵙　*Cyanolanius madagascarinus*
2. 棕钩嘴鵙　*Schetba rufa*

Merle à Collier, du Cap de Bonne-Espérance.

南非丛鵙　*Telophorus zeylonus*

1. Pie-grièche rousse à tête noire,
du Sénégal.
2. Pie-grièche hupée,
du Canada.

mathon

1. 黑冠红翅鸥　*Tchagra senegalus*
2. 黑冠蚁鸥　*Sakesphorus canadensis*

Pie-Grièche du Sénégal.

非洲黑鹀　*Laniarius barbarus*

Gobe-Mouche hupé, de Madagascar

冠卷尾　*Dicrurus forficatus*

Martinet.

1. 非洲寿带（雌） *Terpsiphone viridis*
2. 非洲寿带（雄） *Terpsiphone viridis*

1. 红背伯劳（雌） *Lanius collurio* ※
2. 红背伯劳（雄） *Lanius collurio* ※

Geay brun. du Canada.

Martinet

灰噪鸦　*Perisoreus canadensis*

Geay . de Cayenne .

白颈蓝鸦　*Cyanocorax cayanus*

Geai du Perou.

印加绿蓝鸦　　*Cyanocorax yncas*

Geay bleu, du Canada.

Marhuet

冠蓝鸦　*Cyanocitta cristata*

Le Geai.

Machant.

松鸦　*Garrulus glandarius*　☀

Le Geai, de la Chine

红嘴蓝鹊　*Urocissa erythroryncha* ☀

La Pie.

欧亚喜鹊　*Pica pica*　☀

Casse-noix.

dessiné et gravé par Martinet

星鸦　*Nucifraga caryocatactes* ☀

Le Coracias, des Alpes.

Dessiné, & gravé, par Martinet.

红嘴山鸦　*Pyrrhocorax pyrrhocorax*　☀

Le Choucas, des Alpes.

黄嘴山鸦　*Pyrrhocorax graculus* ❋

须嘴鸦　*Ptilostomus afer*

La Corneille.

小嘴乌鸦　*Corvus corone* ☀

Le Choucas.

小嘴鸦　*Corvus bennetti*

Corneille du Sénégal.

非洲白颈鸦 *Corvus albus*

Corneille mantelée.

冠小嘴乌鸦　*Corvus cornix*　☀

背

颏

羽冠

贯眼纹

颊

耳羽

喉

胸

腹

极乐鸟科

山雀科

长尾山雀科

百灵科

文须雀科

攀雀科

森莺科

扇尾莺科

苇莺科

燕科

鹎科

柳莺科

戴菊科

Le Sifilet, de la nouvelle Guinee.

Martinet.

阿法六线风鸟　*Parotia sefilata*

华美极乐鸟　　*Lophorina superba*

Grand Promerops, de la Nouvelle Guinée.

黑镰嘴风鸟（雄） *Epimachus fastosus*

Promerops, de la nouvelle Guinee

黑镰嘴风鸟（雌） *Epimachus fastosus*

Oiseau de Paradis, de la Nouvelle Guinée, dit le Magnifique

丽色极乐鸟　*Cicinnurus magnificus*

Le Manucode.

Maction

王极乐鸟　*Cicinnurus regius*

L'Oiseau-de-Paradis des Moluques.

大极乐鸟　*Paradisaea apoda*

1. La Mésange à gorge noire 2. La Mésange hupée.

3. La Mésange à longue queue.

1. 褐头山雀　*Poecile montanus*　※
2. 凤头山雀　*Lophophanes cristatus*
3. 北长尾山雀　*Aegithalos caudatus*　※

1. Grosse Mésange, ou Charbonnière. 2. Mésange bleue.
3. Mésange de marais, ou Nonette cendrée.

Dessiné par Martinet.

P. de La Forte, aqua forti.

1. 欧亚大山雀　*Parus major*　☀
2. 青山雀　*Cyanistes caeruleus*
3. 沼泽山雀　*Poecile palustris*　☀

Le Sirli, du Cap de bonne Espérance

长嘴歌百灵　*Certhilauda curvirostris*

2

1

Martinet.

1. 凤头百灵　*Galerida cristata*　❊
2. 短尾百灵　*Spizocorys fremantlii*

1. 文须雀（雄）*Panurus biarmicus* ❋
2. 文须雀（雌）*Panurus biarmicus* ❋
3. 中华攀雀 *Remiz consobrinus* ❋

1. Fauvette tachetée de la Louisiane   2. Fauvette tachetée du Cap de Bonne-Espérance.

1. 白眉灶莺　*Parkesia motacilla*
2. 斑山鹪莺　*Prinia maculosa*

La Rousserolle.

Martinet

大苇莺 *Acrocephalus arundinaceus* ✳

1. Hirondelle brune à collier, du Cap de Bonne-espérance
2. Hirondelle à tête rousse, du Cap de Bonne-espérance

1. 斑沙燕　*Neophedina cincta*
2. 大纹燕　*Cecropis cucullata*

Hirondelle, de la Louisiane

南美崖燕　*Progne elegans*

1. L'Hirondelle des Cheminées. 2. L'Hirondelle de rivage.

1. 家燕　*Hirundo rustica* ☀

2. 崖沙燕　*Riparia riparia* ☀

Hirondelle à ventre roux, du Sénégal

褐胸燕　*Cecropis semirufa*

Martinet.

1. 黑喉红臀鹎　*Pycnonotus cafer*　☀
2. 棕褐鹩鹛　*Argya fulva*

1. 欧柳莺　*Phylloscopus trochilus* ☀
2. 冬鹪鹩　*Troglodytes hiemalis*
3. 火冠戴菊　*Regulus ignicapilla*

眉纹
耳羽
颊
喉
三级飞羽
次级飞羽
初级飞羽
尾下覆羽
中覆羽
胁
初级覆羽
大覆羽

莺鹛科

树莺科

噪鹛科

旋木雀科

鸸科

蚋莺科

椋鸟科

鸫科

鹟科

1. *Fauvette à tête noire.*

2. *Sa Femelle.*

3. *La Fauvette babillarde.*

Martinet.

1. 黑顶林莺（雄） *Sylvia atricapilla* ❋
2. 黑顶林莺（雌） *Sylvia atricapilla* ❋
3. 白喉林莺 *Curruca curruca* ❋

1. 庭园林莺 *Sylvia borin*
2. 领岩鹨 *Prunella collaris* ※

1. 波纹林莺  *Curruca undata*
2. 宽尾树莺 *Cettia cetti*

Merle de la Chine

黑脸噪鹛　*Pterorhinus perspicillatus*　☀

1. 旋木雀　*Certhia familiaris*　❋
2. 赤红太阳鸟　*Aethopyga mystacalis*

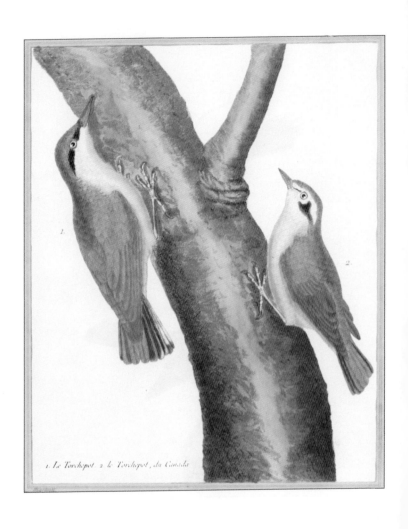

1. Le Torchepot. 2. le Torchepot, du Canada

1. 普通鳾 *Sitta europaea* ☀
2. 红胸鳾 *Sitta canadensis*

1. Grimpereau de Muraille mâle. 2. Sa femelle.

1. 红翅旋壁雀（雄）*Tichodroma muraria* ❋
2. 红翅旋壁雀（雌）*Tichodroma muraria* ❋

1. 热带蚋莺　*Polioptila plumbea*
2. 蓝翅黄森莺　*Protonotaria citrea*

Le Mainate des Indes Orientales

鹩哥 *Gracula religiosa* ☀

Merle Huppé, de la Chine.

Martinet.

八哥　*Acridotheres cristatellus*　❋

斑椋鸟 *Gracupica contra* ☀

Le Kink, de la Chine

灰背椋鸟　*Sturnia sinensis* ☀

Le Merle couleur de Rose de Bourgogne.

粉红椋鸟　*Pastor roseus* ☀

Sansonnet ou Etourneau de France.

紫翅椋鸟　*Sturnus vulgaris* ☀

La Huppe du Cap de bonne Esperance

留尼旺椋鸟 **EX** *Fregilupus varius*

1. La Gorge-rouge de la Caroline. 2. Sa femelle.

1. 东蓝鸲（雄） *Sialia sialis*
2. 东蓝鸲（雌） *Sialia sialis*

Le Merle à collier.

环颈鸫　*Turdus torquatus*

Merle de France, Mâle.

Dessiné et Gravé par Martinet.

欧乌鸫　*Turdus merula* ☀

La femelle du Merle.

赤胸鸫　*Turdus chrysolaus*　※

田鸫　*Turdus pilaris* ☀

Mauvis.

白眉歌鸫 *Turdus iliacus* ☀

1. *Merle cendré, d'Amérique.*

2. *Merle à cravate, de Cayenne.*

Martinet

1. 红腿鸫　*Turdus plumbeus*
2. 棕背蚁鸟　*Myrmoderus ferrugineus*

1. La Gorge-rouge. 2. La Gorge-bleue.

1. 欧亚鸲 *Erithacus rubecula* ※
2. 蓝喉歌鸲 *Luscinia svecica* ※

1. 蓝喉歌鸲（雄） *Luscinia svecica* ✳

2. 蓝喉歌鸲（幼） *Luscinia svecica* ✳

3. 蓝喉歌鸲（雌） *Luscinia svecica* ✳

1. Rossignol de Muraille, mâle. 2. Sa femelle.

1. 欧亚红尾鸲（雄） *Phoenicurus phoenicurus* ☀
2. 欧亚红尾鸲（雌） *Phoenicurus phoenicurus* ☀

白背矶鸫　*Monticola saxatilis*　☀

Merle Solitaire mâle, de Manille.

蓝矶鸫（雄） *Monticola solitarius* ❋

Merle Solitaire, des Philippines.

蓝矶鸫（雌）*Monticola solitarius* ☀

1. 欧石䳭　*Saxicola rubicola*
2. 草原石䳭　*Saxicola rubetra*

Marêchal.

1. 穗䳭　*Oenanthe oenanthe* ☀
2. 休氏䳭　*Oenanthe heuglinii*

顶冠纹

贯眼纹

颊纹

颊

羽缘

腰

太平鸟科

长尾食蜜鸟科

花蜜鸟科

岩鹨科

织雀科

梅花雀科

维达雀科

雀科

鹡鸰科

燕雀科

Le Jaseur de Boheme

太平鸟　*Bombycilla garrulus* ☀

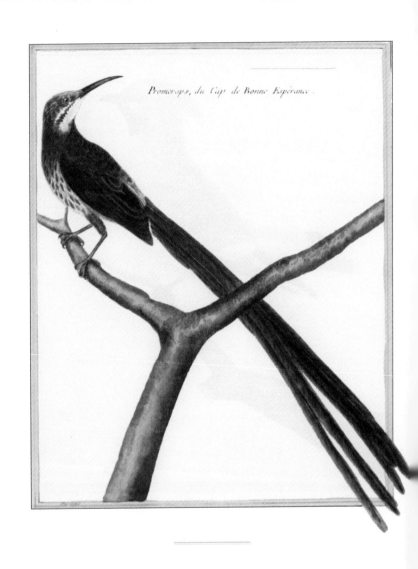

Promerops, du Cap de Bonne Espérance.

长尾食蜜鸟　　*Promerops cafer*

南非歌鸲　*Cossypha dichroa*

1. Grimpereau à longue queue, du Cap de Bonne Espérance.
2. Grimpereau du Brésil.

1. 辉绿花蜜鸟　*Nectarinia famosa*
2. 红脚旋蜜雀　*Cyanerpes cyaneus*

1. 林岩鹨　*Prunella modularis*
2. 新疆歌鸲　*Luscinia megarhynchos* ☀

La Veuve à ailes rouges, du Cap de bonne Espérance.

长尾巧织雀　　*Euplectes progne*

Troupiale femelle, du Sénégal

黑头织雀　*Ploceus cucullatus*

1. Moineau de la côte d'Afrique.
2. Moineau bleu de Cayenne.

par Martinet

1. 绿翅斑腹雀　*Pytilia melba*
2. 靛蓝彩鹀　*Passerina cyanea*

1. 红头环喉雀　*Amadina erythrocephala*
2. 红巧织雀　*Euplectes orix*

1. 白头文鸟　*Lonchura maja*
2. 鹊文鸟　*Spermestes fringilloides*
3. 紫耳蓝饰雀　*Granatina granatina*

1. La grande Veuve d'Angola, réduite.
2. La même Veuve, après la Mûe, de grandeur naturelle.

1. 乐园维达雀（雄） *Vidua paradisaea*
2. 乐园维达雀（雌） *Vidua paradisaea*

1. *Veuve de la Côte d'Afrique.*   2. *Petite Veuve.*

1. 箭尾维达雀　*Vidua regia*
2. 针尾维达雀　*Vidua macroura*

1. *Moineau franc de France, mâle.*
2. *Cardinal du Cap de B. Esp.*

Dessiné et Gravé par Martinet.

1. 家麻雀　*Passer domesticus* ☀
2. 橙巧织雀　*Euplectes franciscanus*

1. Moineau franc, jeune
2. Cardinal Dominiquain.

1. 家麻雀（幼）　*Passer domesticus* ※
2. 冕蜡嘴鹀　*Paroaria dominicana*

1. *Le Friquet.* 2. *Le Verdier.*

1. 麻雀　*Passer montanus*　☀

2. 塞舌尔织雀 *Foudia sechellarum*

1. *l'Alouette de Marais.* 2. *l'Alouette Pipi.*

1. 理氏鹨　*Anthus richardi* ❋
2. 水鹨　*Anthus spinoletta* ❋

1. 非洲山鹡鸰　*Motacilla clara*
2. 西黄鹡鸰　*Motacilla flava* ☀

1. Bergeronette jaune, mâle.   2. Bergeronette du Cap de bonne Espérance.

Dessiné et Gravé   par Martinet.

---

1. 黄鹡鸰　*Motacilla tschutschensis* ☀

2. 海角鹡鸰　*Motacilla capensis*

1. La Lavandière. 2. variété de la Lavandière.

1. 白鹡鸰　*Motacilla alba*　☀
2. 白鹡鸰　*Motacilla alba*　☀

1. *Pinçon*.　　2. *Pinçon D'ardennes*.

Dessiné et Gravé　　　　　par Martinet

1. 苍头燕雀　*Fringilla coelebs*　※
2. 燕雀　*Fringilla montifringilla*　※

1. L'Organiste de St Dominique. 2. Tangara jaune à tête noire, de Cayenne.

1. 蓝头歌雀　*Euphonia musica*
2. 黑喉唐纳鹀　*Lanio aurantius*

Gros-Bec mâle.

锡嘴雀（雄） *Coccothraustes coccothraustes* ☀

Gros-Bec femelle.

锡嘴雀（雌） *Coccothraustes coccothraustes* ☀

1. Moineau, de l'Isle de France. 2. sa femelle.

1. 普通朱雀（雄） *Carpodacus erythrinus* ※
2. 普通朱雀（雌） *Carpodacus erythrinus* ※

1. *Gros-Bec, du Canada.*
2. *Gros-Bec, des Philippines.*

1. 血雀　*Carpodacus sipahi*　※
2. 凯隆织雀　Ⓥ　*Ploceus burnieri*

1. *Bouvreuil mâle.* 2. *Bouvreuil femelle.*

Dessiné et gravé par Martinet.

1. 红腹灰雀（雄） *Pyrrhula pyrrhula* ※
2. 红腹灰雀（雌） *Pyrrhula pyrrhula* ※

1. *Verdier du Cap de Bonne Espérance.*

2. *Verdier de St Domingue.*

1. 高山金翅雀　*Chloris spinoides* ☀

2. 欧金翅雀　*Chloris chloris* ☀

1. Serin de Mozambique mâle.
2. Sa femelle.

1. 黄额丝雀（雄） *Crithagra mozambica*
2. 黄额丝雀（雌） *Crithagra mozambica*

1. 赤胸朱顶雀　*Linaria cannabina*　❋
2. 小白腰朱顶雀　*Acanthis cabaret*
3. 黄雀　*Spinus spinus*　❋

Le Bec - croisé, d'Allemagne.

红交嘴雀　*Loxia curvirostra*　☀

1. 欧洲丝雀　*Serinus serinus*
2. 橘黄丝雀　*Carduelis citrinella*

1. 北美金翅雀（雄） *Spinus tristis*
2. 北美金翅雀（雌） *Spinus tristis*

髭纹

纵纹

胸

耳羽

鹀科

铁爪鹀科

雀鹀科

拟鹂科

美洲雀科

唐纳雀科

Bruant de France, appellé le Proyer.

Dessiné & gravé par Martinet.

黍鹀　*Emberiza calandra* ☀

1. Le Gavoué de Provence. 2. Le Mitélène de Provence.

1. 栗耳鹀　*Emberiza fucata* ☀
2. 田鹀 ⓋⓊ *Emberiza rustica* ☀

1. Ortolan de la Lorraine. 2. Ortolan de Passage.

1. 圃鹀　*Emberiza hortulana*　※
2. 雪鹀　*Plectrophenax nivalis*　※

1. *Ortolan, du Cap de Bonne Esperance.*

2. *Ortolan a ventre jaune, du Cap de Bonne Esperance.*

1. 南非岩鹀　*Emberiza capensis*
2. 金胸鹀　*Emberiza flaviventris*

Tangara, de la Guiane.

martinet.

白眉金肩雀　*Arremon taciturnus*

Troupiale de la Guiane.

martinet

彭巴草地鹨　*Leistes militaris*

Etourneau, des Terres Magellaniques.

小红胸草地鹨  *Leistes defilippii*

Cassique huppé, de Cayenne.

发冠拟椋鸟　*Psarocolius decumanus*

绿拟椋鸟　*Psarocolius viridis*

Troupiale, appellé Cassique jaune,
du Brésil.

黄腰酋长鹂　　*Cacicus cela*

1. 橙腹拟鹂（雄） *Icterus galbula*
2. 橙腹拟鹂（雌） *Icterus galbula*

Le Troupiale.

普通拟鹂　　*Icterus icterus*

1. 圃拟鹂（雄） *Icterus spurius*
2. 圃拟鹂（雌） *Icterus spurius*

1. *la Gorge-jaune de St. Domingue*
2. *Le Rouge-queue de Cayenne*

1. 黄喉林莺　*Setophaga dominica*
2. 纯顶针尾雀　*Synallaxis gujanensis*

1. Figuier de la Caroline.　2. Figuier de Canada.　3. Figuier Étranger.

1. 美洲黄林莺（雌） *Setophaga aestiva*
2. 美洲黄林莺（雄） *Setophaga aestiva*
3. 橙胸林莺　*Setophaga fusca*

1. 丽彩鹀（雌） *Passerina ciris*
2. 丽彩鹀（雄） *Passerina ciris*

Le Tangaroux, de Cayenne

红头蚁唐纳雀　*Habia rubica*

1. *Bruant, du Brésil.*
2. *Bruant de l'Isle de Bourbon.*

1. 玫红丽唐纳雀（雌） *Piranga rubra*
2. 玫红丽唐纳雀（雄） *Piranga rubra*

Gros-Bec de Virginie appellé Cardinal hupé.

主红雀　*Cardinalis cardinalis*

Le Griverd, de Cayenne.

暗绿舞雀　*Saltator olivascens*

Gros-Bec bleu, d'Amérique.

Dessiné et gravé par Martinet

灰蓝粗嘴雀　*Saltator grossus*

565

1. 银嘴唐纳雀（雄） *Ramphocelus carbo*
2. 银嘴唐纳雀（雌） *Ramphocelus carbo*

1. 白颊食籽雀　*Sporophila lineola*
2. 棕胸食籽雀　*Sporophila minuta*

1. *Gros-Bec de Virginie.* 2. *Gros-Bec, des Indes.*
3. *Gros-Bec, appellé la Nonette.*

1. 灰食籽雀　*Sporophila intermedia*
2. 黑胸织雀　*Ploceus benghalensis*
3. 红领食籽雀　*Sporophila collaris*

Cardinal Dominiquain hupé,
de la Louisiane.

冠蜡嘴鹀　　*Paroaria coronata*

1. 灰喉裸鼻雀　*Tangara sayaca*

2. 火冠黑唐纳雀　*Tachyphonus cristatus*